目　录

任务 1　触电急救 1
 ❖ 任务目标 1
 ❖ 任务准备 1
 ❖ 任务实施 1
 ❖ 任务评价 2
 ❖ 学习总结 3

任务 2　万用表的使用 6
 ❖ 任务目标 6
 ❖ 任务准备 6
 ❖ 任务实施 6
 ❖ 任务评价 11
 ❖ 学习总结 11

任务 3　电压、电流、电阻的测量 14
 ❖ 任务目标 14
 ❖ 任务准备 14
 ❖ 任务实施 14
 ❖ 任务评价 18
 ❖ 学习总结 18

任务 4　电容器与电感器质量的判定 21
 ❖ 任务目标 21
 ❖ 任务准备 21
 ❖ 任务实施 21
 ❖ 任务评价 22

- ❖ 学习总结 ·· 23

任务 5 直插元件焊接练习 ·· 26
- ❖ 任务目标 ·· 26
- ❖ 任务准备 ·· 26
- ❖ 任务实施 ·· 26
- ❖ 任务评价 ·· 28
- ❖ 学习总结 ·· 29

任务 6 贴片元件焊接练习 ·· 32
- ❖ 任务目标 ·· 32
- ❖ 任务准备 ·· 32
- ❖ 任务实施 ·· 32
- ❖ 任务评价 ·· 34
- ❖ 学习总结 ·· 35

任务 7 单相交流电路实验 ·· 38
- ❖ 任务目标 ·· 38
- ❖ 任务准备 ·· 38
- ❖ 任务实施 ·· 38
- ❖ 任务评价 ·· 40
- ❖ 学习总结 ·· 40

任务 8 照明电路的安装与维修 ·· 43
- ❖ 任务目标 ·· 43
- ❖ 任务准备 ·· 43
- ❖ 任务实施 ·· 43
- ❖ 任务评价 ·· 44
- ❖ 学习总结 ·· 45

任务 9 汽车 12V 试灯的制作 ·· 48
- ❖ 任务目标 ·· 48
- ❖ 任务准备 ·· 48

- ❖ 任务实施 ·· 48
- ❖ 任务评价 ·· 50
- ❖ 学习总结 ·· 51

任务 10　经典特斯拉线圈产品的制作 ·· 54
- ❖ 任务目标 ·· 54
- ❖ 任务准备 ·· 54
- ❖ 任务实施 ·· 55
- ❖ 任务评价 ·· 57
- ❖ 学习总结 ·· 57

任务 11　三相负载星形联结与三角形联结电路的安装与测试 ·· 60
- ❖ 任务目标 ·· 60
- ❖ 任务准备 ·· 60
- ❖ 任务实施 ·· 60
- ❖ 任务评价 ·· 61
- ❖ 学习总结 ·· 61

任务 12　CA6140 车床电气控制线路的安装 ·· 64
- ❖ 任务目标 ·· 64
- ❖ 任务准备 ·· 64
- ❖ 任务实施 ·· 65
- ❖ 任务评价 ·· 66
- ❖ 学习总结 ·· 66

任务 1 触 电 急 救

❖ 任务目标

1) 会使用口对口人工呼吸法对触电者进行急救。
2) 会使用胸外心脏挤压法对触电者进行急救。

❖ 任务准备

心肺复苏人体模型、医用酒精和棉球。

❖ 任务实施

步骤 1：教师演示口对口人工呼吸法

教师在心肺复苏人体模型（没有人体模型，则可直接在人体上进行）上演示口对口人工呼吸法的操作步骤。

1) 将触电者仰卧，松开衣、裤，以免影响呼吸时胸廓及腹部的自由扩张。将颈部伸直，头部尽量后仰，掰开口腔，清除口中杂物。如果舌头后缩，应拉出舌头，使进出人体的气流畅通无阻，如图 1-1（a）所示。

2) 捏鼻后仰托颈。救护者位于触电者头部的一侧，靠近头部的一只手捏住触电者的鼻子，防止吹气时气流从鼻孔流出，并用这只手的外缘压住额部，另一只手上抬其颈部，使触电者头部自然后仰，解除舌头后缩造成的呼吸阻塞，如图 1-1（b）所示。

3) 吹气。救护者深呼吸后，用嘴紧贴触电者的嘴（中间可垫一层纱布或薄布）大口吹气，同时观察触电者胸部的隆起程度，一般以胸部略有起伏为宜，如图 1-1（c）所示。

4) 换气。吹气结束后，迅速离开触电者的嘴，同时放开鼻孔，让其自动向外呼气，如图 1-1（d）所示。

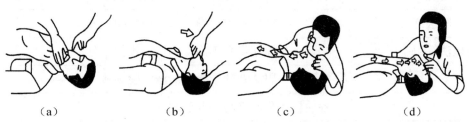

图 1-1 口对口人工呼吸法

上述步骤反复进行，吹气2s，放松3s，大约5s一个循环。对成年人每分钟吹气14~16次，对儿童每分钟吹气18~24次。对儿童和体弱者吹气时，一定要掌握好吹气量的大小，且不可捏紧鼻孔，以防止吹破肺泡。

步骤2：教师演示胸外心脏挤压法

教师在心肺复苏人体模型（没有人体模型，则可直接在人体上进行）上演示胸外心脏挤压法的操作步骤。

1）将触电者仰卧在硬板或平整的硬地面上，解松衣、裤。抢救者跪跨在触电者腰部两侧，如图1-2（a）所示。

2）确定胸外心脏按压正确的按压部位：胸口剑突向上两指处，如图1-2（b）所示。

3）抢救者双臂伸直，双手掌相叠，下面一只手的手掌根部放在按压部位。按压时利用上半身体重和肩、臂部肌肉力量向下平稳按压，使胸下陷，按压至最低点时应有一个明显的停顿。由此使心脏受压，心室的血液被压出，流至触电者全身各部位，如图1-2（c）所示。

4）双手自然放松，让触电者胸部自然复位，让心脏舒张，血液流回心室，但放松时下面手掌不要离开按压部位，如图1-2（d）所示。

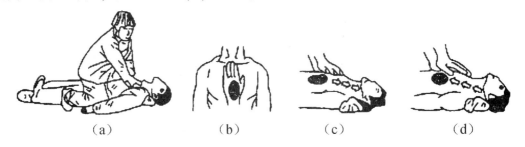

图1-2　胸外心脏挤压法

5）重复3）和4），按压频率为每分钟80~100次。按压深度为成人4~5cm，儿童2~3cm。

步骤3：学生分组练习

在教师的指导下，学生分成两人一组，相互进行上述两种急救方法的练习。

❖ 任务评价

根据表1-1对本任务实施过程进行评价。

表1-1　任务评价表

任务内容	配分	评分标准	扣分
口对口人工呼吸法练习	40	操作步骤正确，每错一步扣5分	
胸外心脏挤压法练习	40	操作步骤正确，每错一步扣5分	
安全文明生产	20	服从老师指导，清洁实验场地	
备注		各项目扣分不得超过该项配分	成绩

❖ 学习总结

1. 请写出学习过程中的收获和遇到的问题。

2. 请对自己的作品进行评价并填写表 1-2。

表 1-2　项目工作评价报告

项目	触电急救				
班级		团队姓名		日期	
评价内容				评价等级	教师评价
知识评价					
本次工作所用到的知识（知识点）	写出触电急救用到的 4 个及以上重点知识点评 A，每少一个知识点降一个等级；空白为最低等级				
本次工作你学到的新知识（知识点）	写出触电急救的 4 个及以上重点知识点评 A，每少一个知识点降一个等级；空白为最低等级				
技能评价					
本次工作应用与提高（仅写技能点）	写出本团队技能提高点、产品安装成功评 A，否则不得分				
本次工作你新学到了哪些技能（仅写技能点）	写出本团队在本次工作中新学的 4 个及以上技能点评 A，每少一个技能点降低一等级				
质量评价					
操作质量	口对口人工呼吸法		胸外心脏挤压法		
	注：本项全部合格评 A，每有一项不合格评降低一个等级				
素质评价					
安全操作	能做到安全规范操作评 A，违反安全操作规定评 D（仅写出可能违反安全生产的实例）				

续表

文明生产	守时	守纪	设备保养	工位整洁卫生	节约环保	生产劳动观念		
	注：全部合格评 A，每有一项不合格就降一等级							
团队合作评价（有如下经历评 A，没有不得分）								
工作过程中主动帮助他人（右侧签字）								
工作过程中寻求帮助（请帮助人签字）								
创新与发展评价								
说明：创新是指质量好、速度快或其他优秀正能量、不同之处，写出两项评 A，一项评 B，其余评 C								
质量没其他人好，你是怎么想的	事例			想法/做法				
若你或他人出现操作错误，你是怎样想的和做的	事例			想法/做法				
若你或他人损坏工具、器材，你是怎样想的	事例			想法/做法				
当你做得明显比别人好，或他人有明显错误时，你是怎样想的或做的	事例			想法/做法				
职业能力等级评定参考								
1	能高效、高质量地完成本次工作的全部内容，并能指导他人完成						A+	
2	能高效、高质量地完成本次工作的全部内容，并能解决遇到的问题						A	
3	能高效、高质量地完成本次工作的全部内容						A-	
4	能圆满完成本次工作的全部内容，并不需要任何指导						B	

续表

续表

5	能圆满完成本次工作的全部内容,但偶尔需要帮助与指导	B-	
6	能完成部分工作内容,需要在技术能手全程指导下完成	C	
7	基本不能完成工作,或严重违反操作规程,或故意损坏设备器材	D	
综合评价		等级	教师评价

注：

1. 综合评价说明：分项评价合计 6 个及以上 A 可综合评定 A；分项评价合计 6 个及以上 B 可综合评定 B；分项评价合计 6 个及以上 C 可综合评定 C；若分项评价出现 D，则综合评定为 D。

2. 若个别分项评价没有经历可不填写。

3. 通过项目工作评价报告，望提高团队合作，吃苦耐劳，自主学习新知识、新技能的精神，强化职业养成教育。

4. 创新的内涵很广，可以是操作过程中好的经验、操作顺序的改进、操作方式的改进措施等。

任务2 万用表的使用

❖ 任务目标

1）会使用万用表。

2）会检测并排除电路的故障。

❖ 任务准备

（1）技能准备

在教师和技术能手的指导下，完成如下技能准备：

1）指针式万用表的使用方法（电池检测及更换、挡位的选择、刻度的识读、电阻挡调零等）。

2）电阻、电容等元器件的识别和检测。

3）焊接技能训练。

（2）材料准备

1）在焊接前，我们应检查万用表的元器件清单，清点完后应将材料放回塑料袋。检查元器件时，应保证所有元器件上的各种型号、规格、标志清晰；元器件应完整无损；元器件各项参数应符合要求；元器件应齐全无误。

2）在万用表的外包装泡沫壳上写出所有电阻的阻值，并取出所有普通电阻，根据电阻上的色环来读出每个电阻的阻值，并将其插到对应的位置。完成后，用万用表检测每个电阻的阻值，看是否有电阻读错的情况。

3）准备焊枪、钳子、美工刀等其他常用的工具。

❖ 任务实施

步骤1：预习和学习准备

1）课前指导学生上网收集关于MF47型指针式万用表安装的知识（在搜索栏中输入"MF47型指针式万用表的安装"，单击"搜索"按钮即可）。

2）了解串联电路、并联电路等基础知识。

步骤2：表头的安装

表头电路安装的步骤如下：查找表头电路所需元器件，按表头电路图插入对应元器件，按五步法焊接元器件，剪元器件引线，清理PCB。

表头电路如图2-1所示，由磁电系表头、电位器R_{P2}、电阻R_{22}、电容C_1，以及保护二极管VD_3、VD_4组成。通过R_{P2}调表头内阻，电阻R_{21}、电位器R_{P1}串联后并入表头两端，使表头电流扩展到50μA，内阻为5kΩ。

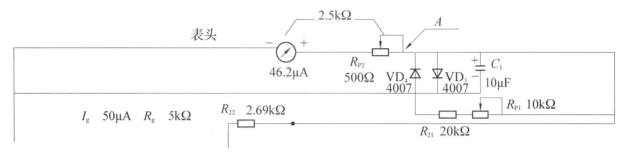

图2-1 表头电路

万用表套件如图2-2所示，电路部分主要采用PCB焊接。焊接方法已在单元6中介绍这里不再赘述。

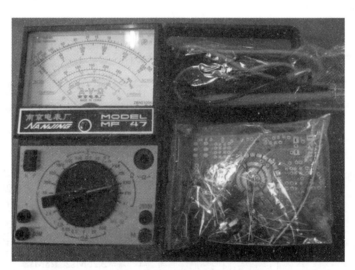

图2-2 万用表套件

步骤3：直流电流测量电路的安装

MF型指针式万用表直流电流的测量电路如图2-3所示。其表头两端分别并入R_{29}、R_1、R_2、R_3、R_4，得到5A、500mA、50mA、5mA、0.5mA 直流电流挡，二极管VD_5、VD_6及0.5A熔断器起保护作用。

R_{29}为康铜丝制成的分流器，其余均为金属膜电阻器。

电路安装步骤：查找直流电流测量电路所需元器件，按图2-3所示插入对应元器件，按五步法焊接器件，剪元器件引线，清理PCB。注意，表笔插孔应焊接牢固。

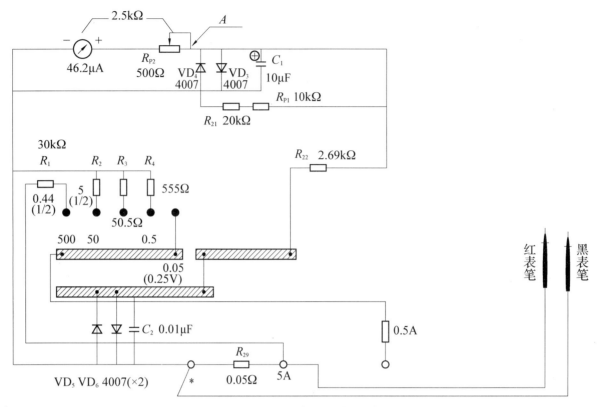

图 2-3　MF47 型万用表直流电流的测量电路

步骤 4：直流电压测量电路的安装

MF47 型万用电表直流电压的测量电路如图 2-4 所示。

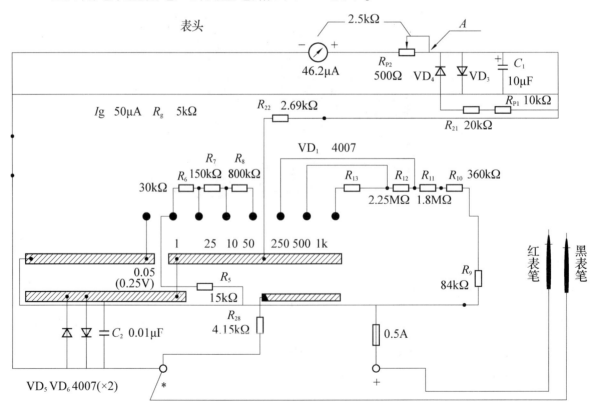

图 2-4　MF47 型万用表直流电压的测量电路

直流电压挡由表头串联电阻构成。表头电路图 2-4 中 R_5、R_6、R_7、R_8 为分压电阻，构成 1V、2.5V、10V、50V 的电压表；250V、500V、1000V 挡表头与 R_{28} 并联，再分别串联 R_9、R_{10}、R_{11}、R_{12}、R_{13}。

直流电压测量电路安装：查找电路所需元器件，按图 2-4 插入对应元器件，按五步法焊接元器件，剪元器件引线，清理 PCB。

步骤 5：电阻测量电路的安装

电阻的测量电路如图 2-5 所示。

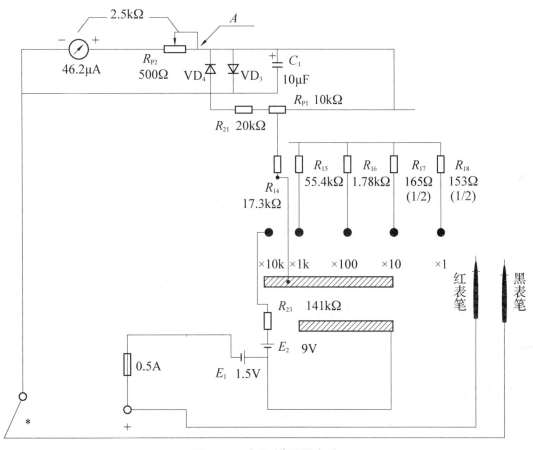

图 2-5　电阻的测量电路

测量电阻时，要使用内部电池。红表笔接面板"+"插孔，与内部电池负极相连；黑表笔接面板"*"插孔，与内部电池正极相连。通过刀开关 S 选择不同挡位，不同的电阻 R_{18}、R_{17} 等接入电路构成内电阻。以 $R\times10$ 挡为例，测量时，R_{17}、E_1、R_X 组成回路。

电阻测量电路安装：查找电路所需元器件，按图 2-5 插入对应元器件，按五步法焊接元器件，剪元器件引线，清理 PCB。

步骤 6：整机调试

整机调试步骤如下：

1）连接表头正极，数字表测量表头负极，即 A 点电阻，调节 R_{P2}，使电阻为 2.5kΩ，焊接表头负极。

2）焊接电池正负极连线。

3）安装转换开关。

4）安装电路板。

5）正确装入1.5V、9V电池。

6）校准机械零点。

7）检验各挡位，测量误差不超过挡位量程的2.5%。

观察与思考

(1) 万用表的使用

1）请根据经验写出万用表电阻挡测试前进行调零的操作过程。

2）请说明测量电阻好坏的方法。

(2) 焊接

1）焊接时如何做到焊接牢固、焊点饱满等？

2）焊接时如何保护好焊接的元器件？

(3) 焊接完成后检查

1）完成焊接后电路板的检查主要有哪些方面？

2）完成焊接后电路板焊点的检查主要有哪些方法？

3）请简要描述MF47型指针式万用表的电路图工作原理。

(4) 编制产品使用说明书

MF47型指针式万用表

1. 本产品元器件的构成：

2. 工作原理说明：

3. 产品功能描述：

4. 使用方法与注意事项：

5. 售后服务及保修承诺：

6. 厂家联系方式（模仿产品生产商、地址、电话等内容）：

❖ 任务评价

根据表 2-1 对本任务实施过程进行评价。

表 2-1 任务评价表

任务内容	配分	评分标准	扣分
表头的安装	20	每错一处扣 4 分	
直流电流测量电路的安装	20	每错一处扣 4 分	
直流电压测量电路的安装	20	每错一处扣 4 分	
电阻测量电路的安装	20	每错一处扣 4 分	
整机调试	10	步骤正确，每错一处扣 2 分	
安全文明生产	10	服从老师指导，清洁实验场地	
备注		各项目扣分不得超过该项配分	成绩

❖ 学习总结

1. 请写出学习过程中的收获和遇到的问题。

2. 请对自己的作品进行评价并填写表 2-2。

表 2-2 项目工作评价报告

项目	万用表的安装			
班级		团队姓名		日期
评价内容			评价等级	教师评价
知识评价				
本次工作所用到的知识（知识点）	写出 4 个及以上重点知识点评 A，每少一个知识点降一个等级；空白为最低等级			

续表

本次工作你学到的新知识（知识点）	写出 4 个及以上重点知识点评 A，每少一个知识点降一个等级；空白为最低等级						
技能评价							
本次工作应用与提高（仅写技能点）	写出本团队技能提高点、产品安装成功评 A，否则不得分						
本次工作你新学到了哪些技能（仅写技能点）	写出本团队在本次工作中新学的 4 个及以上技能点评 A，每少一个技能点降低一等级						
质量评价							
外观及工艺	美观、规范得 A，每有一项工艺不合格评降低一个等级						
产品性能及参数评价	万用表准备	电阻检测	电位器检测	元器件安装	产品静态检测	产品使用检测	
	注：本项全部合格评 A，每有一项不合格评降低一个等级						
素质评价							
安全操作	能做到安全规范操作评 A，违反安全操作规定评 D（仅写出可能违反安全生产的实例）						
文明生产	守时	守纪	设备工具保养	工位整洁卫生	节约环保	生产劳动观念	
	注：全部合格评 A，每有一项不合格就降一等级						
团队合作评价（有如下经历评 A，没有不得分）							
工作过程中主动帮助他人（右侧签字）							
工作过程中寻求帮助（请帮助人签字）							
创新与发展评价							
说明：创新是指质量好、速度快或其他优秀正能量、不同之处，写出两项评 A，一项评 B，其余评 C							

续表

质量没其他人好，你是怎么想的	事例	想法/做法		
若你或他人出现操作错误，你是怎样想的和做的	事例	想法/做法		
若你或他人损坏工具、器材，你是怎样想的	事例	想法/做法		
当你做得明显比别人好，或他人有明显错误时，你是怎样想的或做的	事例	想法/做法		
职业能力等级评定参考					
1	能高效、高质量地完成本次工作的全部内容，并能指导他人完成		A+	
2	能高效、高质量地完成本次工作的全部内容，并能解决遇到的问题		A	
3	能高效、高质量地完成本次工作的全部内容		A-	
4	能圆满完成本次工作的全部内容，并不需要任何指导		B	
5	能圆满完成本次工作的全部内容，但偶尔需要帮助与指导		B-	
6	能完成部分工作内容，需要在技术能手全程指导下完成		C	
7	基本不能完成工作，或严重违反操作规程，或故意损坏设备器材		D	
综合评价			等级	教师评价

注：

1. 综合评价说明：分项评价合计6个及以上A可综合评定A；分项评价合计6个及以上B可综合评定B；分项评价合计6个及以上C可综合评定C；若分项评价出现D，则综合评定为D。

2. 若个别分项评价没有经历可不填写。

3. 通过项目工作评价报告，望提高团队合作，吃苦耐劳，自主学习新知识、新技能的精神，强化职业养成教育。

4. 创新的内涵很广，可以是操作过程中好的经验、操作顺序的改进、操作方式的改进措施等。

任务 3　电压、电流、电阻的测量

❖ 任务目标

1）认识万用表的结构。
2）会使用万用表测直流电压、直流电流和电阻。
3）能连接直流电压、电流测量电路，会用电压表、电流表测量电压和电流。

❖ 任务准备

MF47 型指针式万用表、电压表、电流表、干电池、导线、开关、小灯泡、各种电阻器等。

❖ 任务实施

步骤 1：认识万用表

常用的万用表有指针式万用表和数字式万用表两种。指针式万用表的面板主要由刻度盘和操作面板两部分组成，操作面板上有机械调零螺钉、欧姆调零旋钮、量程选择开关、表笔插孔等，如图 3-1 所示。

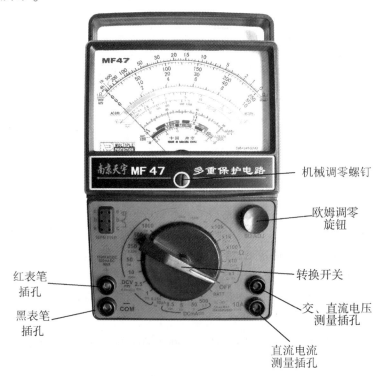

图 3-1　MF47 型指针式万用表

步骤 2：万用表使用前的准备

教师演示，学生学习并做好记录。

1）将万用表水平放置。

2）检查指针。检查万用表指针是否停在表盘左端的"零"位。若不在"零"位，用螺钉旋具轻轻转动表头上的机械调零螺钉，使指针指在"零"位，如图 3-2 所示。

3）插好表笔。将红、黑两支表笔分别插入表笔插孔。

4）检查电池。将转换开关旋到 $R\times 1$ 挡，将红、黑表笔短接，如图 3-3 所示。若进行"电阻调零"后万用表指针仍不能转到刻度线右端的零位，说明电压不足，需要更换电池。

5）选择所需的挡位和量程。将转换开关置于相应的挡位和量程上。禁止在通电测量状态下旋转转换开关，以免可能产生的电弧作用损坏开关触点。

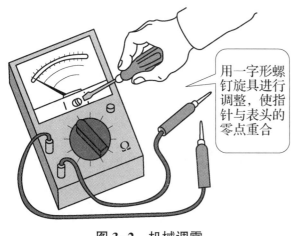

图 3-2　机械调零

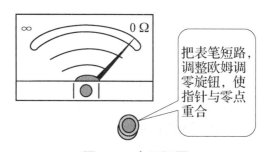

图 3-3　电阻调零

步骤 3：测量直流电压

教师演示，学生学习并做好记录。

1）选择量程。万用表直流电压挡标有"V"，有 2.5V、10V、50V、250V 和 500V 等不同量程。应根据被测电压的大小，选择适当量程。若不知电压大小，应先用最高电压挡测量，再逐渐换至适当电压挡。

2）正确测量。将万用表并联在被测电路的两端。测量直流电压时，红表笔接被测电路的正极或高电位点，黑表笔接被测电路的负极或低电位点，如图 3-4 所示。

3）正确读数。仔细观察刻度盘，找到对应的刻度线读出被测电压值。注意，读数时视线应正对指针。

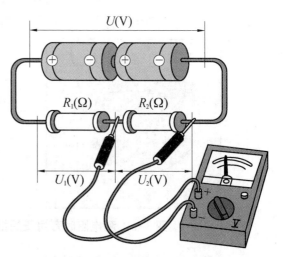

图 3-4　万用表测量直流电压

步骤 4：测量直流电流

教师演示，学生学习并做好记录。

1）选择量程。万用表电流挡标有"mA"，有 1mA、10mA、100mA、500mA 等不同量程。

根据被测电流的大小，选择适当量程。若不知电流大小，应先用最大电流挡测量，再逐渐换至适当电流挡。

2）正确测量。将万用表与被测电路串联。先将电路相应部分断开，再将万用表表笔接在断点的两端。若为直流电流，则红表笔接在与电路正极相连的断点，黑表笔接在与电路负极相连的断点，如图 3-5 所示。

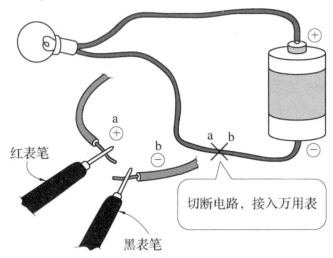

图 3-5　万用表测量直流电流

3）正确读数。仔细观察刻度盘，找到对应的刻度线，读出被测电流值。注意，读数时视线应正对指针。

步骤 5：测量电阻

1）进行机械调零，使表针指向左面"0"刻度位置。

2）将万用表指针置于欧姆挡，并选择适当的量程，如图 3-6 所示。

3）将两支表笔短接，调节欧姆调零旋钮，使指针指向右边"0"刻度处。

4）将两支表笔接到电阻器的两端，如图 3-7 所示。

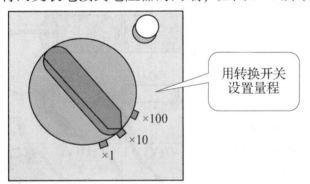

图 3-6　测电阻时万用表的挡位

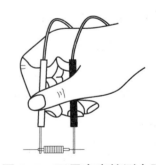

图 3-7　万用表直接测电阻

5）读出万用表指针所示的数值，此时电阻值=挡位×读数。例如，挡位是 100W，读数是 30，则所测电阻的阻值为 3kΩ。注意，这种方法不能测量电源电阻。

6）对于色环电阻器，可以用读色环的方法读出其阻值，验证测量结果的正确性。

步骤 6：用电压表、电流表测量直流电压、直流电流。

学生 4 人一组，分组演示，教师进行巡回指导。

1) 连接电路，测试直流电压，并做好测量记录。

① 将干电池、小灯泡、导线、开关和电压表按图 3-8（a）所示连接，图 3-8（b）所示为其原理图。

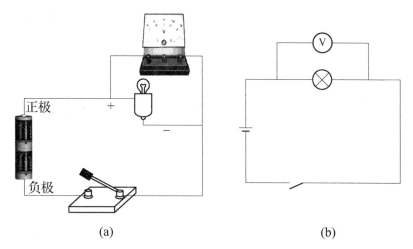

图 3-8　测量直流电压电路
（a）实物图；（b）电路原理图

② 测量直流电压。合上开关 S，测量小灯泡两端电压，将测量结果填入表 3-1 中，再重复测量两次。

表 3-1　直流电压测量结果

测量项目	直流电压表量程	测量对象	测量数据			测量结果（平均值）
			第1次	第2次	第3次	
直流电压						

2) 连接电路，测试直流电流，并做好测量记录。

① 接电路。将干电池、小灯泡、导线、开关和电流表按图 3-9（a）所示连接，图 3-9（b）所示为其原理图。

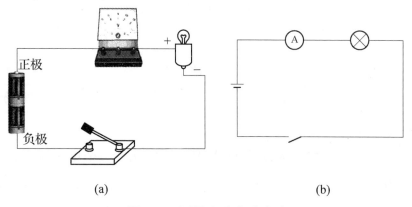

图 3-9　测量直流电流电路
（a）实物图；（b）电路原理图

② 测量直流电流。合上开关 S，测量通过小灯泡的电流，将测量结果填入表 3-2 中，再重复测量两次。

表 3-2　直流电流测量结果

测量项目	直流电流表量程	测量对象	测量数据			测量结果（平均值）
			第1次	第2次	第3次	
直流电流						

❖ 任务评价

根据表 3-3 对本任务实施过程进行评价。

表 3-3　任务评价表

任务内容	配分	评分标准	扣分
直流电压测量	30	操作步骤正确，每错一步扣 5 分	
直流电流测量	30	操作步骤正确，每错一步扣 5 分	
电阻测量	30	操作步骤正确，每错一步扣 5 分	
安全文明生产	10	服从老师指导，清洁实验场地	
备注		各项目扣分不得超过该项配分	成绩

❖ 学习总结

1. 请写出学习过程中的收获和遇到的问题。

2. 请对自己的作品进行评价并填写表 3-4。

表 3-4　项目工作评价报告

项目		电压、电流、电阻的测量			
班级		团队姓名		日期	
评价内容				评价等级	教师评价
知识评价					
本次工作所用到的知识（知识点）	写出用到的 4 个及以上重点知识点评 A，每少一个知识点降一个等级；空白为最低等级				
本次工作你学到的新知识（知识点）	写出用到的 4 个及以上重点知识点评 A，每少一个知识点降一个等级；空白为最低等级				

续表

技能评价							
本次工作应用与提高（仅写技能点）	写出本团队技能提高点、产品安装成功评A，否则不得分						
本次工作你新学到了哪些技能（仅写技能点）	写出本团队在本次工作中新学的4个及以上技能点评A，每少一个技能点降低一等级						
质量评价							
性能及参数评价	万用表准备	电压测量	电流测量	电阻测量	电压表、电流表测电压、电流		
	注：本项全部合格评A，每有一项不合格评降低一个等级						
素质评价							
安全操作	能做到安全规范操作评A，违反安全操作规定评D（仅写出可能违反安全生产的实例）						
文明生产	守时	守纪	设备保养	工位整洁卫生	节约环保	生产劳动观念	
	注：全部合格评A，每有一项不合格就降一等级						
团队合作评价（有如下经历评A，没有不得分）							
工作过程中主动帮助他人（右侧签字）							
工作过程中寻求帮助（请帮助人签字）							
创新与发展评价							
说明：创新是指质量好、速度快或其他优秀正能量、不同之处，写出两项评A，一项评B，其余评C							
质量没其他人好，你是怎么想的	事例			想法/做法			

续表

若你或他人出现操作错误,你是怎样想的和做的	事例	想法/做法		
若你或他人损坏工具、器材,你是怎样想的	事例	想法/做法		
当你做得明显比别人好,或他人有明显错误时,你是怎样想的或做的	事例	想法/做法		
职业能力等级评定参考				
1	能高效、高质量地完成本次工作的全部内容,并能指导他人完成	A+		
2	能高效、高质量地完成本次工作的全部内容,并能解决遇到的问题	A		
3	能高效、高质量地完成本次工作的全部内容	A-		
4	能圆满完成本次工作的全部内容,并不需要任何指导	B		
5	能圆满完成本次工作的全部内容,但偶尔需要帮助与指导	B-		
6	能完成部分工作内容,需要在技术能手全程指导下完成	C		
7	基本不能完成工作,或严重违反操作规程,或故意损坏设备器材	D		
综合评价			等级	教师评价

注:

1. 综合评价说明:分项评价合计 6 个及以上 A 可综合评定 A;分项评价合计 6 个及以上 B 可综合评定 B;分项评价合计 6 个及以上 C 可综合评定 C;若分项评价出现 D,则综合评定为 D。

2. 若个别分项评价没有经历可不填写。

3. 通过项目工作评价报告,望提高团队合作,吃苦耐劳,自主学习新知识、新技能的精神,强化职业养成教育。

4. 创新的内涵很广,可以是操作过程中好的经验、操作顺序的改进、操作方式的改进措施等。

任务 4　电容器与电感器质量的判定

❖ 任务目标

1) 会根据电容器外壳上的标注识读标称容量、允许误差及耐压。
2) 会使用万用表检测、比较电容器电容量的大小及质量优劣。
3) 会使用万用表检测电感器的质量。

❖ 任务准备

MF47 型指针式万用表、电容器测试板、小容量电容器（200pF～0.047μF）5 个、大容量电容器（4.7～1000μF）5 个、故障电容器（漏电、失去容量的电解电容器）2 个、各类型电感器 5 个。

❖ 任务实施

步骤 1：电容器的识别

1) 将所选电容器固定在电容器测试板上，并在板上每个电容器处写出编号，如图 4-1 所示。

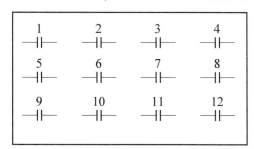

图 4-1　电容器测试板

2) 根据电容器测试板上各电容器外壳上的标注，按编号顺序分别读出电容器的标称容量、耐压，并填写在表 4-1 中相应的单元格内。

步骤 2：电容器的质量检测

检测电容器测试板上的电容器质量，将检测出的结果填写在表 4-1 中相应的单元格格内。

步骤 3：漏电、失去容量的电解电容器的检测

检测电容器测试板上的漏电、失去容量的电解电容器，将检测出的结果填写在表 4-1 中相应的单元格内。

表 4-1　识读、测量电容器

电容器序号	电容介质	外壳上的标注	标称容量	耐压	质量判定
1					
2					
3					
4					
5					
6					
7					
8					
9					
10					
11					
12					

步骤 4：电感器的质量检测

将指针式万用表置于 $R\times1$ 挡，通过测量各电感器的阻值来判断电感器质量的好坏，将检测结果填入表 4-2 中。

表 4-2　测量电感器

电感器序号	外壳上的标注	电感量	正向电阻值	反向电阻值	质量判定
1					
2					
3					
4					
5					

❖ 任务评价

根据表 4-3 对本任务实施过程进行评价。

表 4-3　任务评价表

任务内容	配分	评分标准	扣分
电容器的识别	30	操作步骤正确，每错一步扣 5 分	
电容器质量的检测	30	操作步骤正确，每错一步扣 5 分	

续表

任务内容	配分	评分标准	扣分
电感器质量的检测	30	操作步骤正确，每错一步扣5分	
安全文明生产	10	服从老师指导，清洁实验场地	
备注		各项目扣分不得超过该项配分	成绩

❖ 学习总结

1. 请写出学习过程中的收获和遇到的问题。

2. 请对自己的作品进行评价并填写表4-4。

表4-4 项目工作评价报告

项目		电容器与电感器质量的判定			
班级		团队姓名		日期	
评价内容				评价等级	教师评价
知识评价					
本次工作所用到的知识（知识点）	写出电容器与电感器质量判定用到的4个及以上重点知识点评A，每少一个知识点降一个等级；空白为最低等级				
本次工作你学到的新知识（知识点）	写出电容器与电感器质量判定用到的4个及以上重点知识点评A，每少一个知识点降一个等级；空白为最低等级				
技能评价					
本次工作应用与提高（仅写技能点）	写出本团队技能提高点、产品安装成功评A，否则不得分				
本次工作你新学到了哪些技能（仅写技能点）	写出本团队在本次工作中新学的4个及以上技能点评A，每少一个技能点降低一等级				
质量评价					
性能及参数评价	万用表准备	电容检测	电感检测		
	注：本项全部合格评A，每有一项不合格评降低一个等级				

续表

素质评价								
安全操作	能做到安全规范操作评A，违反安全操作规定评D（仅写出可能违反安全生产的实例）							
文明生产	守时	守纪	设备保养	工位整洁卫生	节约环保	生产劳动观念		
	注：全部合格评A，每有一项不合格就降一等级							
团队合作评价（有如下经历评A，没有不得分）								
工作过程中主动帮助他人（右侧签字）								
工作过程中寻求帮助（请帮助人签字）								
创新与发展评价 说明：创新是指质量好、速度快或其他优秀正能量、不同之处，写出两项评A，一项评B，其余评C								
质量没其他人好，你是怎么想的	事例			想法/做法				
若你或他人出现操作错误，你是怎样想的和做的	事例			想法/做法				
若你或他人损坏工具、器材，你是怎样想的	事例			想法/做法				
当你做得明显比别人好，或他人有明显错误时，你是怎样想的或做的	事例			想法/做法				
职业能力等级评定参考								
1	能高效、高质量地完成本次工作的全部内容，并能指导他人完成						A+	

续表

续表

2	能高效、高质量地完成本次工作的全部内容，并能解决遇到的问题	A	
3	能高效、高质量地完成本次工作的全部内容	A-	
4	能圆满完成本次工作的全部内容，并不需要任何指导	B	
5	能圆满完成本次工作的全部内容，但偶尔需要帮助与指导	B-	
6	能完成部分工作内容，需要在技术能手全程指导下完成	C	
7	基本不能完成工作，或严重违反操作规程，或故意损坏设备器材	D	
综合评价		等级	教师评价

注：

1. 综合评价说明：分项评价合计 6 个及以上 A 可综合评定 A；分项评价合计 6 个及以上 B 可综合评定 B；分项评价合计 6 个及以上 C 可综合评定 C；若分项评价出现 D，则综合评定为 D。

2. 若个别分项评价没有经历可不填写。

3. 通过项目工作评价报告，望提高团队合作，吃苦耐劳，自主学习新知识、新技能的精神，强化职业养成教育。

4. 创新的内涵很广，可以是操作过程中好的经验、操作顺序的改进、操作方式的改进措施等。

任务 5　直插元件焊接练习

❖ 任务目标

1) 认识直插元件。
2) 了解焊接工艺要求。
3) 能够进行直插元件的焊接。

❖ 任务准备

（1）技能准备

在教师和技术能手的指导下，完成如下技能准备：

1) 电烙铁端头的镀锡保护预热处理。
2) 电阻器、电容器的识别和检测。
3) 了解常见器材的特点，如焊锡丝的参数、松香的特点等。

（2）所需工具、材料、元器件

电烙铁、焊锡丝、松香、万能板、不同阻值的电阻器（1/8W、1/4W、1/2W、1W）。万能板和焊锡丝分别如图 5-1 和图 5-2 所示。

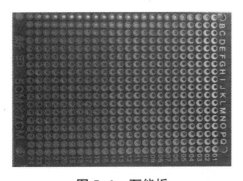

图 5-1　万能板

图 5-2　焊锡丝

❖ 任务实施

步骤 1：预习和学习准备

1) 课前指导学生上网收集焊锡丝、万能板的知识（在浏览器搜索栏中输入关键词"万能板"或"焊锡丝"，单击"搜索"按钮即可出现相关网页）。

2）上网收集电烙铁的功能及使用方法等知识。

步骤 2：教师示范焊接操作

1）预热：将烙铁头与元器件引脚、焊盘接触，同时预热焊盘与元器件引脚。

2）加焊锡：将焊锡加在焊盘上（而不是仅仅加在元器件引脚上），待焊盘温度上升到使焊锡丝熔化时，焊锡会自动熔化。注意，不能将焊锡直接加在烙铁头上，这样会造成冷焊。

3）撤离焊锡：加适量焊锡后移开焊锡丝。

4）停止加热：移开焊锡丝后，不要立即拿走电烙铁，应使用电烙铁继续加热直至焊锡完成润湿和扩散两个过程，在焊点最明亮时移出电烙铁。

5）冷却：使焊点冷却，在冷却过程中不能移动万能板。

注意，掌握焊接要领是获得良好焊点的关键，一般焊接要领有以下几点。

1）接触位置：烙铁头应同时接触需要互相连接的两个被焊件（如引线和焊盘），烙铁一般倾斜 45°。当两个被焊件热容量相差较大时，应适当调整烙铁倾角，使热容量较大的被焊件与烙铁头的接触面积增大，热传导得到加强。两个被焊件能在相同的时间内加热到相同的温度的状态，被视为加热理想状态。

2）接触压力：烙铁头与被焊件接触时应略施压力。热传导强弱与施加压力大小成正比，但施加压力的大小以对被焊件表面不造成损伤为原则。

3）锡丝的供给：通常在焊点预热 1s 后，使焊锡丝与焊点接触 1~2s，待焊锡完全熔化，由于金属液面张力形成光圆点后，快速将烙铁头自斜上方移开，便可得到合格的焊点。

合格焊点的特征如下：焊点表面应该光滑、光亮；被焊部分的轮廓应清晰；弯曲引脚的焊接面必须被焊锡覆盖至少 50%，而竖直引脚的焊接面必须被焊锡覆盖至少 75%。

知识窗

在焊接元器件时应注意以下事项：

1）保管好元器件，包括印制电路板（Printed Circuit Boards，PCB）、插针、导线等，不能丢失。

2）严格按照技术要求进行焊接，防止烫掉焊盘、铜皮脱落或断裂，也要预防因焊接时间过长而损坏元器件或造成虚焊、短路等。

3）注意安全用电，预防漏电、电源线烫坏引起触电等事故的发生，遵守安全操作规程。

4）文明操作，不损坏公物、器材；节约用电，节约焊锡丝、电阻等原材料。

5）精益求精，虚心请教，互相帮助、互相学习，提高自己的焊接技艺。

6）遵守纪律，整洁卫生。

焊接元器件的工艺要求如下：

1）焊接时注意电阻引脚，阻值必须准确无误。

2）焊接时注意焊点圆润、焊锡饱满。

3）处理焊接引脚。

观察与思考

1）常见的电烙铁有哪几种类型？

2）新电烙铁使用前如何对烙铁头进行预加热处理？

3）请思考焊接温度和焊接材质之间的相互联系。

4）请思考实训课结束后应该处理电烙铁。

5）请根据本次任务描述如何焊接合格的焊点。

6）请描述焊接的工艺要求。（提示：从烙铁头处理，焊接温度，焊锡丝送丝技巧、角度，焊接时间等方面描述）

7）编制产品使用说明书。

××电烙铁使用说明书

1. 本产品的元器件构成：
2. 电源电压说明：
3. 产品功能描述：
4. 使用方法与注意事项：
5. 售后服务及保修承诺：
6. 厂家联系方式（模仿产品生产商、地址、电话等内容）：

❖ 任务评价

根据表5-1对本任务实施过程进行评价。

表 5-1 任务评价表

任务内容	配分	评分标准	扣分
技能准备	10	根据准备情况，每少一个知识点扣 5 分	
所需工具、材料、元器件准备	10	工具、材料、元器件每少一个扣 2 分	
焊接操作	50	操作步骤正确，每错一步扣 5 分	
观察与思考问题的回答情况	20	答案正确，每错一处扣 4 分	
安全文明生产	10	服从老师指导，清洁实验场地	
备注		各项目扣分不得超过该项配分	成绩

❖ 学习总结

1. 请写出学习过程中的收获和遇到的问题。

2. 请对自己的作品进行评价并填写表 5-2。

表 5-2 项目工作评价报告

项目		直插元件的焊接练习		
班级		团队姓名	日期	
评价内容			评价等级	教师评价
知识评价				
本次工作所用到的知识（知识点）	写出 4 个及以上重点知识点评 A，每少一个知识点降一个等级；空白为最低等级			
本次工作你学到的新知识（知识点）	写出 4 个及以上重点知识点评 A，每少一个知识点降一个等级；空白为最低等级			
技能评价				
本次工作应用与提高（仅写技能点）	写出本团队技能提高点、产品安装成功评 A，否则不得分			
本次工作你新学到了哪些技能（仅写技能点）	写出本团队在本次工作中新学的 4 个及以上技能点评 A，每少一个技能点降低一等级			

续表

质量评价								
性能及参数评价	万用表准备		电烙铁检测		烙铁头制备	元器件焊接	焊点检查	
	注：本项全部合格评 A，每有一项不合格评降低一个等级								
素质评价								
安全操作	能做到安全规范操作评 A，违反安全操作规定评 D（仅写出可能违反安全生产的实例）								
文明生产	守时	守纪	设备保养		工位整洁卫生	节约环保	生产劳动观念	
	注：全部合格评 A，每有一项不合格就降一等级								
团队合作评价（有如下经历评 A，没有不得分）								
工作过程中主动帮助他人（右侧签字）									
工作过程中寻求帮助（请帮助人签字）									
创新与发展评价								
说明：创新是指质量好、速度快或其他优秀正能量、不同之处，写出两项评 A，一项评 B，其余评 C								
质量没其他人好，你是怎么想的	事例				想法/做法			
若你或他人出现操作错误，你是怎样想的和做的	事例				想法/做法			
若你或他人损坏工具、器材，你是怎样想的	事例				想法/做法			
当你做得明显比别人好，或他人有明显错误时，你是怎样想的或做的	事例				想法/做法			

续表

职业能力等级评定参考			
1	能高效、高质量地完成本次工作的全部内容,并能指导他人完成	A+	
2	能高效、高质量地完成本次工作的全部内容,并能解决遇到的问题	A	
3	能高效、高质量地完成本次工作的全部内容	A−	
4	能圆满完成本次工作的全部内容,并不需要任何指导	B	
5	能圆满完成本次工作的全部内容,但偶尔需要帮助与指导	B−	
6	能完成部分工作内容,需要在技术能手全程指导下完成	C	
7	基本不能完成工作,或严重违反操作规程,或故意损坏设备器材	D	
综合评价		等级	教师评价

注:

1. 综合评价说明:分项评价合计 6 个及以上 A 可综合评定 A;分项评价合计 6 个及以上 B 可综合评定 B;分项评价合计 6 个及以上 C 可综合评定 C;若分项评价出现 D,则综合评定为 D。

2. 若个别分项评价没有经历可不填写。

3. 通过项目工作评价报告,望提高团队合作,吃苦耐劳,自主学习新知识、新技能的精神,强化职业养成教育。

4. 创新的内涵很广,可以是操作过程中好的经验、操作顺序的改进、操作方式的改进措施等。

任务 6　贴片元件焊接练习

❖ 任务目标

1) 认识贴片元件。
2) 了解焊接工艺要求。
3) 能够进行贴片元件的焊接。

❖ 任务准备

（1）技能准备

在教师和技术能手的指导下，完成如下技能准备：

1) 电烙铁端头的镀锡保护预热处理。
2) 贴片电阻、贴片电容的识别和检测能力。
3) 了解常见器材的特点，如焊锡丝的参数、松香的特点、贴片电路板等。

（2）所需工具、材料、元器件

电烙铁、焊锡丝、松香、镊子、贴片电路板等。本任务所需元器件如表 6-1 所示。

表 6-1　本任务所需元器件

序号	名称	规格型号	编号	数量
1	0603 贴片电容	104	$C_1 \sim C_{10}$	10
2	C201 贴片电感	1μH	$L_1 \sim L_{10}$，$L_{101} \sim L_{105}$	25
3	0805 贴片电阻	100~500kΩ	$R_1 \sim R_5$，$R_{41} \sim R_{60}$，$R_{301} \sim R_{310}$	35
4	1206 贴片电阻	12kΩ	$R_{11} \sim R_{20}$，$R_{401} \sim R_{410}$	20
5	0603 贴片电阻	510	$R_{21} \sim R_{40}$，$R_{201} \sim R_{210}$	30
6	0402 贴片电阻	100~3kΩ	$R_{61} \sim R_{71}$，$R_{101} \sim R_{115}$	26
7	0603 贴片电阻	22	$R_{501} \sim R_{510}$	10

❖ 任务实施

步骤 1：预习和学习准备

1) 课前指导学生上网收集贴片电路板、焊锡丝的知识（在浏览器搜索栏中输入"贴片电路板""焊锡丝",单击"搜索"按钮即可出现相关网页)。

2) 上网收集"贴片电路板""1206""贴片电阻"等信息,了解相关知识。

步骤2:教师示范焊接操作

1) 对电烙铁进行预热。

2) 识别贴片电阻、电容的正负极。贴片电阻、电容的焊接方法大致相同,焊接点也很相似,都是平铺的两个接触点,但电容的接触点中间有一条白线。贴片电阻、电容的体积都很小。电阻一般是黑色的,在背面标有相应的数字表示其规格。在电路板上也会有相应标志标出其位置。若在相应的电阻焊接点旁边标有"R+数字",选取对应的贴片电阻进行焊接即可。贴片电阻无正负极之分,贴片电容则不一定。无正负极之分的贴片电容一般为小正方形,其四面都可以作为焊接面。有正负极之分的贴片电容相对较大,只有一个焊接面,有一条深色直线的为正极,在电路板上标有"C+数字"的焊接点为电容焊接点,有"+"号的一端为正极。

3) 定位。先用电烙铁熔一点焊锡到其中一个焊接点,用镊子夹取贴片电阻、贴片电容放置焊接点上,再用电烙铁熔化刚点上去的焊锡,使电阻、电容的一端先焊接上,以固定电阻、电容。

注意,电阻和电容要放在两个焊接点正中间,若偏差较大,要用电烙铁再次熔化焊锡,微调电阻、电容的位置使其正对中间。

4) 焊接。先熔一些焊锡到烙铁头尖端,再焊接另一端即可。

5) 装饰。在焊接好电阻、电容后,观察其焊接点是否合格、美观。若不合格、美观,应用适当松香进行焊接,使焊锡表面圆润。

6) 本任务焊接的元器件较多,有些贴片元件体积较小。不同专业要求的掌握程度不同,机器人、汽修、数控专业的学生仅做焊接练习,不做通电调试要求;电子专业学生在完成本次所有贴片元件的焊接后需要进行通电调试任务。

注意,本任务中贴片元件尺寸有大有小,根据所学专业不同,训练手艺不同,焊接难易程度不一等情况,指导贴片焊接时建议:

1) 焊接时尽量根据PCB分区域进行,先练习基本功。

2) 焊接时从大元件开始,如先焊接1206贴片电阻,再焊接0805贴片电阻。

3) 焊接时要保证元器件不掉落、焊点圆润饱满、不拉丝、不虚焊漏焊。

观察与思考

1) 对于贴片电阻的焊接,电烙铁需要如何选用?

2）焊接贴片元件时需要注意哪些因素？

3）请思考焊接大焊盘和小焊盘时有什么区别。

4）请思考实训课结束后应该如何处理电烙铁。

5）如何区分贴片元件的大小？

6）请根据本次任务描述如何焊接出合格的焊点。

7）请描述焊接贴片元件的工艺要求。（提示：从烙铁头处理，焊接温度，焊锡丝送丝技巧、角度，焊接时间等方面描述）

8）编制产品使用说明书。

××贴片元件焊接练习板说明书

1. 本产品元器件构成：
2. 电源电压说明：
3. 产品功能描述：
4. 使用方法与注意事项：
5. 售后服务及保修承诺：
6. 厂家联系方式（模仿产品生产商、地址、电话等内容）：

❖ 任务评价

根据表6-2对本任务实施过程进行评价。

表 6-2 任务评价表

任务内容	配分	评分标准	扣分
技能准备	10	根据准备情况，每少一个知识点扣 2 分	
所需工具、材料、元器件准备	10	工具、材料、元器件每少一个扣 2 分	
焊接操作	50	操作步骤正确，每错一步扣 5 分	
观察与思考问题的回答情况	20	答案正确，每错一处扣 4 分	
安全文明生产	10	服从老师指导，清洁实验场地	
备注		各项目扣分不得超过该项配分	成绩

❖ 学习总结

1. 请写出学习过程中的收获和遇到的问题。

2. 请对自己的作品进行评价并填写表 6-3。

表 6-3 项目工作评价报告

项目	贴片元件的焊接练习				
班级		团队姓名		日期	
评价内容				评价等级	教师评价
知识评价					
本次工作所用到的知识（知识点）	写出 4 个及以上重点知识点评 A，每少一个知识点降一个等级；空白为最低等级				
本次工作你学到的新知识（知识点）	写出 4 个及以上重点知识点评 A，每少一个知识点降一个等级；空白为最低等级				
技能评价					
本次工作应用与提高（仅写技能点）	写出本团队技能提高点、产品安装成功评 A，否则不得分				
本次工作你新学到了哪些技能（仅写技能点）	写出本团队在本次工作中新学的 4 个及以上技能点评 A，每少一个技能点降低一等级				

续表

质量评价								
性能及参数评价	万用表准备	电烙铁检测	烙铁头制备	元件焊接	焊点检查	通电调试		
	注：本项全部合格评 A，每有一项不合格评降低一个等级							
素质评价								
安全操作	能做到安全规范操作评 A，违反安全操作规定评 D（仅写出可能违反安全生产的实例）							
文明生产	守时	守纪	设备保养	工位整洁卫生	节约环保	生产劳动观念		
	注：全部合格评 A，每有一项不合格就降一等级							
团队合作评价（有如下经历评 A，没有不得分）								
工作过程中主动帮助他人（右侧签字）								
工作过程中寻求帮助（请帮助人签字）								
创新与发展评价								
说明：创新是指质量好、速度快或其他优秀正能量、不同之处，写出两项评 A，一项评 B，其余评 C								
质量没其他人好，你是怎么想的	事例			想法/做法				
若你或他人出现操作错误，你是怎样想的和做的	事例			想法/做法				
若你或他人损坏工具、器材，你是怎样想的	事例			想法/做法				
当你做得明显比别人好，或他人有明显错误时，你是怎样想的或做的	事例			想法/做法				

续表

职业能力等级评定参考				
1	能高效、高质量地完成本次工作的全部内容，并能指导他人完成	A+	
2	能高效、高质量地完成本次工作的全部内容，并能解决遇到的问题	A	
3	能高效、高质量地完成本次工作的全部内容	A-	
4	能圆满完成本次工作的全部内容，并不需要任何指导	B	
5	能圆满完成本次工作的全部内容，但偶尔需要帮助与指导	B-	
6	能完成部分工作内容，需要在技术能手全程指导下完成	C	
7	基本不能完成工作，或严重违反操作规程，或故意损坏设备器材	D	
综合评价		等级	教师评价

注：

1. 综合评价说明：分项评价合计 6 个及以上 A 可综合评定 A；分项评价合计 6 个及以上 B 可综合评定 B；分项评价合计 6 个及以上 C 可综合评定 C；若分项评价出现 D，则综合评定为 D。

2. 若个别分项评价没有经历可不填写。

3. 通过项目工作评价报告，望提高团队合作，吃苦耐劳，自主学习新知识、新技能的精神，强化职业养成教育。

4. 创新的内涵很广，可以是操作过程中好的经验、操作顺序的改进、操作方式的改进措施等。

任务 7　单相交流电路实验

❖ 任务目标

1）学习荧光灯管工作原理及其接线方法。
2）学习单相交流电压、电流和功率的测量。
3）认识电感性负载并学习通过并联电容提高电感性负载功率因数的方法。

❖ 任务准备

荧光灯管套件、万用表、智能电功率表、电容器（1μF、2.2μF、4.7μF/500V）、导线、电工工具套件。

❖ 任务实施

步骤 1：识读电路图，明确实验目标

实验电路如图 7-1 所示。荧光灯管电路由灯管、启辉器（辉光启动器）和镇流器 3 部分组成。其中，灯管是一个近似的电阻元件，镇流器为带铁芯的电感线圈，所以荧光灯管电路是电感性负载，且功率因数较低。为了提高电路的功率因数，可并联电容 C。当并联的电容值合适时，可使电路的总功率因数等于 1。但如果并联的电容值过大，将引起过补偿而使整个电路成为电容性负载。

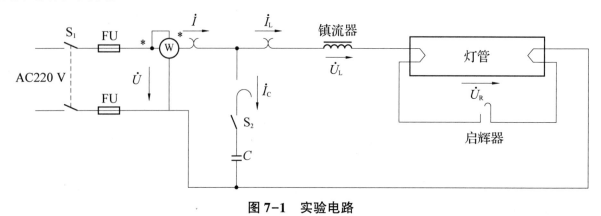

图 7-1　实验电路

步骤 2：电路的安装和检测

1）认识主要元器件。请大家说出图 7-2 所示的元器件的名称。

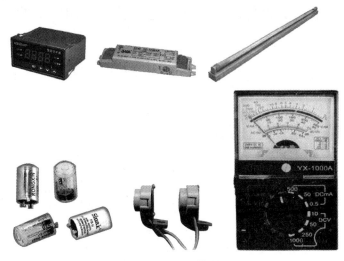

图 7-2 元器件

2）检测元器件好坏。安装元器件之前需要进行检测，保证元器件的质量和数量达到要求，以保障电路的运行。

3）根据电路图，设计元器件的布置图。元器件的布置图就是根据电气元件在控制板上的实际位置，采用简化的外形符号绘制的一种简图。布置图中各元器件的文字符号必须与电路图中的保持一致。

4）根据电路图及布置图进行元器件的安装和布线。

5）电路测量。

① 合上电源开关 S_1，断开 S_2，接通电源，观察荧光灯的启动过程。

② 用万用表测量荧光灯电路的端电压 U、灯管两端的电压 U_R、镇流器两端的电压 U_L 和荧光灯电路的电流 I_L，用智能交流功率表测量荧光灯的功率 P 和功率因数 $\cos\varphi$，将测量数据填入表 7-1 中。

表 7-1 测量数据（一）

U/V	U_R/V	U_L/V	I_L/A	P/W	$\cos\varphi$

③ 合上开关 S_2，在荧光灯电路两端并联不同的电容器。测量荧光灯电路的端电压 U、灯管两端的电压 U_R、镇流器两端的电压 U_L、电路的总电流 I、荧光灯电路的电流 I_L 和电容器的电流 I_C，用智能交流功率表测量荧光灯的功率 P 和功率因数 $\cos\varphi$，将测量数据填入表 7-2。

表 7-2 测量数据（二）

电容器	U/V	U_R/V	U_L/V	I/A	I_L/A	I_C/A	P/W	$\cos\varphi$
1μF/500V								
2.2μF/500V								
4.7μF/500V								

由以上内容可以看出，荧光灯电路并联适当电容就是利用电容的容性补偿镇流器的感性来提高功率因数的。

❖ 任务评价

根据表 7-3 对本任务实施过程进行评价。

表 7-3　任务评价表

任务内容	配分	评分标准	扣分
识读电路	10	每错一处扣 2 分	
元器件识别及检测	10	每错一处扣 2 分	
设计元器件的布置图	20	设计合理，每错一步扣 4 分	
电路连接	20	电路连接正确，每错一处扣 4 分	
电路测量	30	步骤正确，每错一处扣 5 分	
安全文明生产	10	服从老师指导，清洁实验场地	
备注		各项目扣分不得超过该项配分	成绩

❖ 学习总结

1. 请写出学习过程中的收获和遇到的问题。

2. 请对自己的作品进行评价并填写表 7-4。

表 7-4　项目工作评价报告

项目		单相交流电路实验			
班级		团队姓名		日期	
评价内容				评价等级	教师评价
知识评价					
本次工作所用到的知识（知识点）	写出用到的 4 个及以上重点知识点评 A，每少一个知识点降一个等级；空白为最低等级				
本次工作你学到的新知识（知识点）	写出用到的 4 个及以上重点知识点评 A，每少一个知识点降一个等级；空白为最低等级				

续表

技能评价							
本次工作应用与提高（仅写技能点）	写出本团队技能提高点、产品安装成功评A，否则不得分						
本次工作你新学到了哪些技能（仅写技能点）	写出本团队在本次工作中新学的4个及以上技能点评A，每少一个技能点降低一等级						
质量评价							
性能及参数评价	万用表准备	电阻检测	电容检测	元器件安装	产品静态检测	产品使用检测	
	注：本项全部合格评A，每有一项不合格评降低一个等级						
素质评价							
安全操作	能做到安全规范操作评A，违反安全操作规定评D（仅写出可能违反安全生产的实例）						
文明生产	守时	守纪	设备保养	工位整洁卫生	节约环保	生产劳动观念	
	注：全部合格评A，每有一项不合格就降一等级						
团队合作评价（有如下经历评A，没有不得分）							
工作过程中主动帮助他人（右侧签字）							
工作过程中寻求帮助（请帮助人签字）							
创新与发展评价							
说明：创新是指质量好、速度快或其他优秀正能量、不同之处，写出两项评A，一项评B，其余评C							
质量没其他人好，你是怎么想的	事例		想法/做法				

续表

若你或他人出现操作错误，你是怎样想的和做的	事例	想法/做法		
若你或他人损坏工具、器材，你是怎样想的	事例	想法/做法		
当你做得明显比别人好，或他人有明显错误时，你是怎样想的或做的	事例	想法/做法		
职业能力等级评定参考				
1	能高效、高质量地完成本次工作的全部内容，并能指导他人完成		A+	
2	能高效、高质量地完成本次工作的全部内容，并能解决遇到的问题		A	
3	能高效、高质量地完成本次工作的全部内容		A-	
4	能圆满完成本次工作的全部内容，并不需要任何指导		B	
5	能圆满完成本次工作的全部内容，但偶尔需要帮助与指导		B-	
6	能完成部分工作内容，需要在技术能手全程指导下完成		C	
7	基本不能完成工作，或严重违反操作规程，或故意损坏设备器材		D	
综合评价			等级	教师评价

注：

1. 综合评价说明：分项评价合计 6 个及以上 A 可综合评定 A；分项评价合计 6 个及以上 B 可综合评定 B；分项评价合计 6 个及以上 C 可综合评定 C；若分项评价出现 D，则综合评定为 D。

2. 若个别分项评价没有经历可不填写。

3. 通过项目工作评价报告，望提高团队合作，吃苦耐劳，自主学习新知识、新技能的精神，强化职业养成教育。

4. 创新的内涵很广，可以是操作过程中好的经验、操作顺序的改进、操作方式的改进措施等。

任务 8　照明电路的安装与维修

❖ 任务目标

1) 会安装开关控制照明电路。
2) 会检测并排除开关控制照明电路的故障。

❖ 任务准备

十字形螺钉旋具、一字形螺钉旋具、尖嘴钳、剥线钳、木制电工接线板、指针式万用表、圆胶膜、灯头、铝芯线。

❖ 任务实施

步骤1：照明电路的安装

1) 识读电路图，明确工作原理。

照明电路如图 8-1 所示。该电路的工作原理是当闭合开关 S 时，整个电路形成回路，灯亮；当断开开关 S 时，整个电路形成断路，灯熄灭。

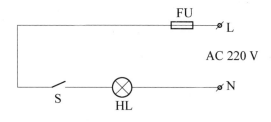

图 8-1　照明电路

2) 根据电路图选择元器件。根据一开关控制一灯照明电路的电路图列出所需的电路元器件，如表 8-1 所示。

表 8-1　一开关控制一灯照明电路元器件明细表

符号	元器件名称	型号	规格	数量
S	一位单极开关	S811	16A，250V	1
FU	控制电路熔断器	RL3-15	380V，15A，配熔丝 2A	1
HL	白炽灯	E12	220V，45W	1

3）根据电路图设计元器件的布置图。元器件的布置图是根据电气元件在木制电工接线板上的位置绘制的一种简图。元器件布置图中各元器件的文字符号必须与电路图中的保持一致。

4）检测元器件。安装元器件之前需要进行检测，保证元器件的质量和数量达到要求，以保障电路的运行。为了确保安全，检验元器件的质量应在断电的情况下用指针式万用表的欧姆挡检查开关、熔断器、白炽灯是否良好。

5）根据电路图及布置图进行布线。布线工艺要求：元器件布置合理、匀称、安装可靠，便于走线。按原理图接线，接线规范正确，走线合理，无接点松动、露铜、过长、反圈、压绝缘层等现象。

6）对照原理图检验电路是否短路。具体方法为取下白炽灯，闭合开关，用万用表 $R \times 1k$ 挡检测接相线和中性线进线端的电阻。如果万用表指针没有偏转，说明电阻无穷大，没有短路，接线正确，反之存在短路错误。

7）通电检测。在老师的指导下进行通电检测，禁止私自在实训室进行通电测试。

步骤 2：照明电路的维修

老师使步骤 1 中安装好的照明电路产生故障，学生利用工具查找故障原因，并将故障现象、故障原因、维修方法填于表 8-2 中。

表 8-2　照明电路的维修

故障现象	故障原因	维修方法

❖ 任务评价

根据表 8-3 对本任务实施过程进行评价。

表 8-3　任务评价表

任务内容	配分	评分标准	扣分
识读电路	10	每错一处扣 2 分	
元器件选择及检测	10	每错一处扣 2 分	
设计元器件的布置图	20	设计合理，每错一步扣 4 分	
电路连接及测试	20	电路连接正确，每错一处扣 4 分	
电路维修	30	步骤正确，每错一处扣 5 分	

续表

任务内容	配分	评分标准	扣分
安全文明生产	10	服从老师指导，清洁实验场地	
备注		各项目扣分不得超过该项配分	成绩

❖ 学习总结

1. 请写出学习过程中的收获和遇到的问题。

2. 请对自己的作品进行评价并填写表 8-4。

表 8-4　项目工作评价报告

项目		照明电路的安装与维修		
班级		团队姓名	日期	
评价内容			评价等级	教师评价
知识评价				
本次工作所用到的知识（知识点）	写出照明电路的安装与维修用到的 4 个及以上重点知识点评 A，每少一个知识点降一个等级；空白为最低等级			
本次工作你学到的新知识（知识点）	写出照明电路的安装与维修用到的 4 个及以上重点知识点评 A，每少一个知识点降一个等级；空白为最低等级			
技能评价				
本次工作应用与提高（仅写技能点）	写出本团队技能提高点、产品安装成功评 A，否则不得分			
本次工作你新学到了哪些技能（仅写技能点）	写出本团队在本次工作中新学的 4 个及以上技能点评 A，每少一个技能点降低一等级			
质量评价				
外观及工艺	照明电路产品美观、规范得 A，每有一项工艺不合格评降低一个等级			

续表

产品性能及参数评价	万用表准备	电阻检测	电容检测	电路安装	产品静态检测	产品使用检测		
	注：本项全部合格评 A，每有一项不合格评降低一个等级							
素质评价								
安全操作	能做到安全规范操作评 A，违反安全操作规定评 D（仅写出可能违反安全生产的实例）							
文明生产	守时	守纪	设备工具保养	工位整洁卫生	节约环保	生产劳动观念		
	注：全部合格评 A，每有一项不合格就降一等级							
团队合作评价（有如下经历评 A，没有不得分）								
工作过程中主动帮助他人（右侧签字）								
工作过程中寻求帮助（请帮助人签字）								
创新与发展评价								
说明：创新是指质量好、速度快或其他优秀正能量、不同之处，写出两项评 A，一项评 B，其余评 C								
质量没其他人好，你是怎么想的	事例			想法/做法				
若你或他人出现操作错误，你是怎样想的和做的	事例			想法/做法				
若你或他人损坏工具、器材，你是怎样想的	事例			想法/做法				
当你做得明显比别人好，或他人有明显错误时，你是怎样想的或做的	事例			想法/做法				

续表

职业能力等级评定参考			
1	能高效、高质量地完成本次工作的全部内容,并能指导他人完成	A+	
2	能高效、高质量地完成本次工作的全部内容,并能解决遇到的问题	A	
3	能高效、高质量地完成本次工作的全部内容	A-	
4	能圆满完成本次工作的全部内容,并不需要任何指导	B	
5	能圆满完成本次工作的全部内容,但偶尔需要帮助与指导	B-	
6	能完成部分工作内容,需要在技术能手全程指导下完成	C	
7	基本不能完成工作,或严重违反操作规程,或故意损坏设备器材	D	
综合评价		等级	教师评价

注:

1. 综合评价说明:分项评价合计 6 个及以上 A 可综合评定 A;分项评价合计 6 个及以上 B 可综合评定 B;分项评价合计 6 个及以上 C 可综合评定 C;若分项评价出现 D,则综合评定为 D。

2. 若个别分项评价没有经历可不填写。

3. 通过项目工作评价报告,望提高团队合作,吃苦耐劳,自主学习新知识、新技能的精神,强化职业养成教育。

4. 创新的内涵很广,可以是操作过程中好的经验、操作顺序的改进、操作方式的改进措施等。

任务 9 汽车 12V 试灯的制作

❖ 任务目标

1）认识汽车试灯。
2）掌握汽车试灯的制作方法。
3）进一步掌握元器件的焊接操作。

❖ 任务准备

（1）技能准备

在教师和技术能手的指导下，完成如下技能准备：

1）指针式万用表的使用（电池检测及更换，挡位的选择，刻度的识读，电阻挡调零等）。
2）电阻的识别和检测。
3）焊接技能训练。

（2）材料准备

1）准备所需的电阻，并用万用表检测，看测量值是否和色环标称值相同，若误差偏大应重新提供电阻。
2）准备发光二极管，并用万用表检测其好坏。
3）准备万用表、一个鳄鱼夹、少许绝缘胶带及细导线。
4）准备钳子、美工刀等其他常用工具。

❖ 任务实施

汽车 12V 试灯电路原理图如图 9-1 所示。其中，将 2 个发光二极管并联后，再串联一个限流电阻（限流电阻的阻值一般为几千欧至十几千欧，具体根据发光二极管的额定电压电流确定，要串联电阻的阻值大小 =（12V-发光管额定电压）/发光管额定电流），这样无论正接还是反接电路中总有一个发光二极管发光。

按图 9-1 制作的试灯可用于测试曲轴、凸轮轴、车速轮速等传感器的磁脉冲信号及其他各类频率信号，检测到信号后发光二极管就会闪烁，具有操作简单、方便快捷、反应速度快、显示直观、使用寿命长的特点，适用于汽车、发电机组、船舶及其他工业自动化设备等的检测。下面具体介绍制作汽车试灯的操作步骤。

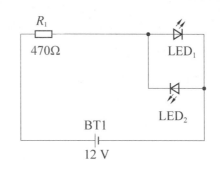

图 9-1 汽车 12V 试灯电路原理图

步骤 1：预习和学习准备

1）课前指导学生上网收集汽车 12V 试灯的制作方法（在搜索栏中输入"汽车 12V 试灯的制作"，单击"搜索"按钮即可）。

2）上网收集限流电阻计算的相关知识。

3）了解串联电路、并联电路等基础知识。

步骤 2：组装汽车试灯

（1）产品焊接过程

1）焊接低矮的元器件，注意电阻引脚；电阻的阻值必须准确无误。

2）焊接发光二极管时注意极性必须正确。

3）处理焊接连接线。

在焊接元器件时应注意如下事项：

1）焊接时注意保管好元器件。

2）每焊接一个元器件都应用万用表复测相关参数，防止错装、漏装。

3）严格按照技术要求进行焊接，防止烫掉焊盘、铜皮脱落或断裂，同时要预防因焊接时间过长损坏元器件或造成虚焊、短路等。

4）注意安全用电，预防漏电、电源线烫坏引起的触电，遵守安全操作规程。

5）文明操作，不损坏公物、器材；节约用电、节约焊锡丝等原材料。

6）精益求精，虚心请教，互相帮助、互相学习。

7）遵守纪律，整洁卫生。

（2）产品组装步骤

1）做好绝缘防护。

2）安装表笔与发光二极管。

3）做好产品的外观修整工作。

（3）检验测试

产品组装好后应进行以下调试工作。

1）外观检测：外观应无脱落、损坏、引脚掉落、脱线、裸露等情况。

2）电阻测试：在不通电的情况下，对试笔及鳄鱼夹两端进行电阻测试。所有测试电阻应不为零，否则电路中存在短路故障，及时排除故障后再进行下一步测试。

3）产品性能测试：在汽车上进行汽车试灯的实用性测试，检测其工作情况。

观察与思考

（1）万用表的使用

1）请根据经验写出万用表电阻挡测试前进行调零的操作过程。

2）请说明测量交流 220V 和直流 12V 的操作过程。

3）请说明万用表用完以后的保养方法。

（2）技能训练

1）请根据本次任务描述电路中 R_1 的作用。

2）请简要描述汽车 12V 试灯电路的工作原理。

3）编制产品使用说明书。

汽车 12V 试灯

1. 本产品元器件构成：

2. 工作原理说明：

3. 产品功能描述：

4. 使用方法与注意事项：

5. 售后服务及保修承诺：

6. 厂家联系方式（模仿产品生产商、地址、电话等内容）：

❖ 任务评价

根据表 9-1 对本任务实施过程进行评价。

表 9-1　任务评价表

任务内容	配分	评分标准	扣分
准备工作	10	根据准备情况，每一种工具扣 2 分	
产品焊接	30	操作步骤正确，每错一步扣 5 分	
产品组装	30	操作步骤正确，每错一步扣 5 分	
检验测试	10	操作步骤正确，每错一步扣 2 分	
观察与思考问题的回答情况	10	答案正确，每错一处扣 2 分	
安全文明生产	10	服从老师指导，清洁实验场地	
备注		各项目扣分不得超过该项配分	成绩

❖ 学习总结

1. 请写出学习过程中的收获和遇到的问题。

2. 请对自己的作品进行评价并填写表 9-2。

表 9-2　项目工作评价报告

项目	汽车 12V 试灯的制作			
班级		团队姓名		日期
评价内容			评价等级	教师评价
知识评价				
本次工作所用到的知识（知识点）	写出 4 个及以上重点知识点评 A，每少一个知识点降一个等级；空白为最低等级			
本次工作你学到的新知识（知识点）	写出 4 个及以上重点知识点评 A，每少一个知识点降一个等级；空白为最低等级			
技能评价				
本次工作应用与提高（仅写技能点）	写出本团队技能提高点、产品安装成功评 A，否则不得分			
本次工作你新学到了哪些技能（仅写技能点）	写出本团队在本次工作中新学的 4 个及以上技能点评 A，每少一个技能点降低一等级			

续表

质量评价							
外观及工艺	美观、规范得 A，每有一项工艺不合格评降低一个等级						
产品性能及参数评价	万用表准备	电阻检测	元器件安装	产品静态检测	产品使用检测		
	注：本项全部合格评 A，每有一项不合格评降低一个等级						
素质评价							
安全操作	能做到安全规范操作评 A，违反安全操作规定评 D（仅写出可能违反安全生产的实例）						
文明生产	守时	守纪	设备工具保养	工位整洁卫生	节约环保	生产劳动观念	
	注：全部合格评 A，每有一项不合格就降一等级						
团队合作评价（有如下经历评 A，没有不得分）							
工作过程中主动帮助他人（右侧签字）							
工作过程中寻求帮助（请帮助人签字）							
创新与发展评价							
说明：创新是指质量好、速度快或其他优秀正能量、不同之处，写出两项评 A，一项评 B，其余评 C							
质量没其他人好，你是怎么想的	事例			想法/做法			
若你或他人出现操作错误，你是怎样想的和做的	事例			想法/做法			
若你或他人损坏工具、器材，你是怎样想的	事例			想法/做法			

续表

续表

当你做得明显比别人好，或他人有明显错误时，你是怎样想的或做的	事例	想法/做法		
职业能力等级评定参考				
1	能高效、高质量地完成本次工作的全部内容，并能指导他人完成		A+	
2	能高效、高质量地完成本次工作的全部内容，并能解决遇到的问题		A	
3	能高效、高质量地完成本次工作的全部内容		A-	
4	能圆满完成本次工作的全部内容，并不需要任何指导		B	
5	能圆满完成本次工作的全部内容，但偶尔需要帮助与指导		B-	
6	能完成部分工作内容，需要在技术能手全程指导下完成		C	
7	基本不能完成工作，或严重违反操作规程，或故意损坏设备器材		D	
综合评价			等级	教师评价

注：

1. 综合评价说明：分项评价合计 6 个及以上 A 可综合评定 A；分项评价合计 6 个及以上 B 可综合评定 B；分项评价合计 6 个及以上 C 可综合评定 C；若分项评价出现 D，则综合评定为 D。

2. 若个别分项评价没有经历可不填写。

3. 通过项目工作评价报告，望提高团队合作，吃苦耐劳，自主学习新知识、新技能的精神，强化职业养成教育。

4. 创新的内涵很广，可以是操作过程中好的经验、操作顺序的改进、操作方式的改进措施等。

任务 10　经典特斯拉线圈产品的制作

❖ 任务目标

1）能够识别和检测电感。
2）能够识别和检测电容。
3）会制作经典特斯拉线圈产品。
4）进一步熟悉、巩固元器件焊接的操作。

❖ 任务准备

（1）技能准备

在教师和技术能手的指导下，完成如下技能准备：

1）电感的识别与检测。
2）电容的识别与检测。
3）熟悉电解电容和独石电容的特点。

（2）根据元件清单检查元件数量

根据图 10-1 所示电路，找出所需的元器件（图 10-2）。

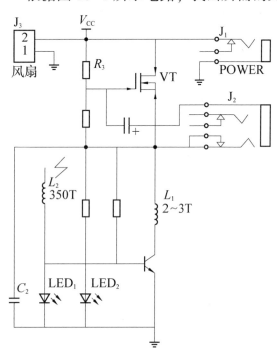

图 10-1　特斯拉线圈产品电路图

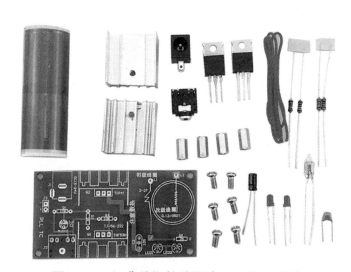

图 10-2　经典特斯拉线圈产品所需元器件

❖ 任务实施

特斯拉线圈是一种使用 L_1 和 L_2 两组线圈耦合共振原理运行的变压器。电源接通后，电路自激振荡产生高频率、高电压、低电流的交流信号。产品组装完成上电后，尾部能产生电弧，可隔空点亮荧光灯。

步骤1：预习和项学习准备

1）课前指导学生上网收集"特斯拉线圈"的知识。
2）复习电阻、电容、电感的测量方法。
3）准备好焊接所需的材料及工具（电烙铁、焊锡丝、松香、万用表等）。
4）根据教学内容及教师的安排一步一步完成学习目标，切勿擅自盲目焊接。
5）准备好笔记本，记录本次项目的得失和技巧。

步骤2：电感线圈、独石电容的检测

1）电感线圈的检测。

电感线圈是本任务最为关键的元器件。学生应学会电感线圈外观和质量的判别方法，尽量自己动手用绕线机完成电感线圈的绕制。

直观检查：电感器的引脚、漆包线是否断裂，有磁芯的检查磁芯是否松动，漆包线的涂漆是否有破损、污渍或烧焦。

仪表判断：使用万用表欧姆挡测量电感器的通断及阻值大小来判断其质量的好坏。首先将万用表置于 $R×1$ 或 $R×10$；红、黑表笔分别接在电感器的两端，此时指针应向右侧偏转，然后根据测出的阻值大小，分下列3种情况进行判断：①被测电感器阻值太小（接近0），说明电感器内部线圈有短路故障，这里要特别注意测试操作时一定要先将万用表调零，并仔细观察指针偏转的位置，当电感器匝数较少时电感器的阻值本就较小。当怀疑电感器内部有短路性故障时，最好用 $R×1$ 反复多检测几次，这样才能得出正确的判断。②被测电感器有阻值。电感器阻值和线圈绕制匝数、漆包线线径有直接关系。线径越细、匝数越多，阻值越大。一般情况下，用万用表 $R×1$ 挡能测出阻值，则认为被测电感器是良好的。③被测电感器的阻值为∞，说明电感器内部线圈或线圈引脚出现了断路故障。

2）独石电容的检测。

独石电容具有容量大、体积小、可靠性高、电容量稳定、耐高温、耐湿性好等优点。可以用指针式万用表对其进行粗略检测，若检测阻值为∞，即说明其质量是好的。

步骤3：电路板的焊接

安装元器件时一定仔细对照电路图，切记不能安装错误，特别是电阻，阻值不一样，在电路中的作用也不一样，如果安装错误，将会引发一系列的电气事故。电路基板如图10-3所示。安装好的电路板如图10-4所示。

在焊接元器件时应注意如下事项：

1）注意保管好元器件，包括插针、导线等部件，不能丢失。
2）每焊接一个元器件，都应用万用表复测相关参数，防止错装、漏装。
3）严格按照技术要求进行焊接，防止烫掉焊盘、铜皮脱落或断裂，同时要预防因焊接时间过程损坏元器件或造成虚焊、短路等。

4）注意安全用电，预防漏电、电源线烫坏引起触电，遵守安全操作规程。

5）文明操作，不损坏公物、器材；节约用电，节约焊锡丝等原材料。

6）精益求精，虚心请教，互相帮助，互相学习。

7）遵守纪律，整洁卫生。

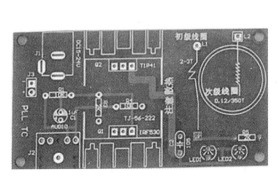

图10-3　电路基板

图10-4　安装好的电路板

步骤4：产品通电测试及组装

1）本产品供电电压为DC 15~24V，电流2A，选用电源时一定要注意。

2）工作时，散热片比较热，注意不要用手触摸散热片，防止烫伤。

3）认真领会电路工作原理，熟悉电感器在电路中基本的原理和作用。

步骤5：检验测试

产品组装好后应进行以下调试工作。

1）外观检测：LED引脚是否过长、电路基板铜皮是否脱落，电池盒及电源线是否牢固，确认电源极性是否正确。

2）产品性能测试。

① 给产品接入电源，观察线圈产生电弧的现象。

② 演示隔空点亮荧光灯。

观察与思考

1）请根据经验写出测量电感器的过程，并如何判断其好坏。

2）请根据本次任务描述电路中 L_1、L_2 的作用。

3）请简要描述特斯拉线圈产品的工作原理。（提示：从电源供电、电感自激振荡等方面描述电路如何工作）

4）编制产品使用说明书。

特斯拉线圈产品使用说明书

1. 本产品元器件构成：
2. 电源电压说明：
3. 产品功能描述：
4. 使用方法与注意事项：
5. 售后服务及保修承诺：
6. 厂家联系方式（模仿产品生产商、地址、电话等内容）：

❖ 任务评价

根据表 10-1 对本任务实施过程进行评价。

表 10-1　任务评价表

任务内容	配分	评分标准	扣分
准备工作	10	根据准备情况，每少一种工具扣 2 分	
产品焊接	30	操作步骤正确，每错一步扣 5 分	
产品组装	30	操作步骤正确，每错一步扣 5 分	
检验测试	10	操作步骤正确，每错一步扣 2 分	
观察与思考问题的回答情况	10	答案正确，每错一处扣 2 分	
安全文明生产	10	服从老师指导，清洁实验场地	
备注		各项目扣分不得超过该项配分	成绩

❖ 学习总结

1. 请写出学习过程中的收获和遇到的问题。

2. 请对自己的作品进行评价并填写表 10-2。

表 10-2　项目工作评价报告

项目	特斯拉线圈产品使用说明书				
班级		团队姓名		日期	
	评价内容			评价等级	教师评价
	知识评价				
本次工作所用到的知识（知识点）	写出特斯拉线圈产品电路制作用到的 4 个及以上重点知识点评 A，每少一个知识点降一个等级；空白为最低等级				

续表

本次工作你学到的新知识（知识点）	写出特斯拉线圈产品电路制作用到的 4 个及以上重点知识点评 A，每少一个知识点降一个等级；空白为最低等级		
技能评价			
本次工作应用与提高（仅写技能点）	写出本团队技能提高点、产品安装成功评 A，否则不得分		
本次工作你新学到了哪些技能（仅写技能点）	写出本团队在本次工作中新学的 4 个及以上技能点评 A，每少一个技能点降低一等级		
质量评价			
外观及工艺	特斯拉线圈产品电路产品美观、规范得 A，每有一项工艺不合格评降低一个等级		
性能及参数评价	万用表准备	电阻检测	电容检测	元器件安装	产品静态检测	产品使用检测		
	注：本项全部合格评 A，每有一项不合格评降低一个等级		
素质评价			
安全操作	能做到安全规范操作评 A，违反安全操作规定评 D（仅写出可能违反安全生产的实例）		
文明生产	守时	守纪	设备工具保养	工位整洁卫生	节约环保	生产劳动观念		
	注：全部合格评 A，每有一项不合格就降一等级		
团队合作评价（有如下经历评 A，没有不得分）			
工作过程中主动帮助他人（右侧签字）			
工作过程中寻求帮助（请帮助人签字）			

续表

创新与发展评价 说明：创新是指质量好、速度快或其他优秀正能量、不同之处，写出两项评 A，一项评 B，其余评 C					
质量没其他人好，你是怎么想的	事例		想法/做法		
若你或他人出现操作错误，你是怎样想的和做的	事例		想法/做法		
若你或他人损坏工具、器材，你是怎样想的	事例		想法/做法		
当你做得明显比别人好，或他人有明显错误时，你是怎样想的或做的	事例		想法/做法		
职业能力等级评定参考					
1	能高效、高质量地完成本次工作的全部内容，并能指导他人完成				A+	
2	能高效、高质量地完成本次工作的全部内容，并能解决遇到的问题				A	
3	能高效、高质量地完成本次工作的全部内容				A-	
4	能圆满完成本次工作的全部内容，并不需要任何指导				B	
5	能圆满完成本次工作的全部内容，但偶尔需要帮助与指导				B-	
6	能完成部分工作内容，需要在技术能手全程指导下完成				C	
7	基本不能完成工作，或严重违反操作规程，或故意损坏设备器材				D	
综合评价				等级	教师评价

注：

1. 综合评价说明：分项评价合计 6 个及以上 A 可综合评定 A；分项评价合计 6 个及以上 B 可综合评定 B；分项评价合计 6 个及以上 C 可综合评定 C；若分项评价出现 D，则综合评定为 D。

2. 若个别分项评价没有经历可不填写。

3. 通过项目工作评价报告，望提高团队合作，吃苦耐劳，自主学习新知识、新技能的精神，强化职业养成教育。

4. 创新的内涵很广，可以是操作过程中好的经验、操作顺序的改进、操作方式的改进措施等。

任务 11　三相负载星形联结与三角形联结电路的安装与测试

❖ 任务目标

学会连接三相负载星形电路、三角形电路，并会对电路进行测试。

❖ 任务准备

三相四线电源、电路板、开关、灯座 3 个、白炽灯 3 只、软电线若干、万用表、钢丝钳、一字形和十字形螺钉旋具、电工刀等。

❖ 任务实施

步骤 1：电路的安装

1）识读电路图（图 11-1 和图 11-2），明确工作原理。

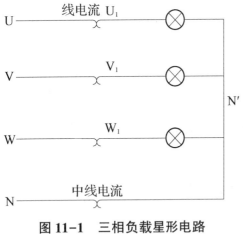 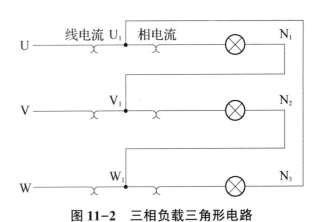

图 11-1　三相负载星形电路　　　　　图 11-2　三相负载三角形电路

2）根据电路图选择元器件。

3）根据电路图设计元器件的布置图。

4）检测元器件。安装元器件之前需要进行检测，保证元器件的质量和数量达到要求，以保障电路的运行。为了确保安全，检验元器件的质量应在断电的情况下进行。

5）根据电路图及布置图进行布线。布线工艺要求：元器件布置合理、均匀、安装可靠，便于走线。按原理图接线，接线规范正确，走线合理，无接点松动、露铜、过长、反圈、压绝缘层等现象。

步骤 2：电路的测试

1) 对照原理图检验电路是否短路、开路现象。

2) 通电检测。在老师的指导下进行通电检测，禁止私自在实训室进行通电测试。

❖ 任务评价

根据表 11-1 对本任务实施过程进行评价。

表 11-1　任务评价表

任务内容	配分	评分标准	扣分
识读电路	10	每错一处扣 2 分	
元器件选择及检测	10	每错一处扣 2 分	
设计元器件的布置图	20	设计合理，每错一步扣 4 分	
电路连接	20	电路连接正确，每错一处扣 4 分	
电路测试	30	步骤正确，每错一处扣 5 分	
安全文明生产	10	服从老师指导，清洁实验场地	
备注		各项目扣分不得超过该项配分	成绩

❖ 学习总结

1. 请写出学习过程中的收获和遇到的问题。

2. 请对自己的作品进行评价并填写表 11-2。

表 11-2　项目工作评价报告

项目	三相负载星形联结与三角形联结电路的安装与测试			
班级		团队姓名		日期
	评价内容		评价等级	教师评价
	知识评价			
本次工作所用到的知识（知识点）	写出用到的 4 个及以上重点知识点评 A，每少一个知识点降一个等级；空白为最低等级			

续表

本次工作你学到的新知识（知识点）	写出用到的4个及以上重点知识点评A，每少一个知识点降一个等级；空白为最低等级		
技能评价			
本次工作应用与提高（仅写技能点）	写出本团队技能提高点、产品安装成功评A，否则不得分		
本次工作你新学到了哪些技能（仅写技能点）	写出本团队在本次工作中新学的4个及以上技能点评A，每少一个技能点降低一等级		
质量评价			

	电路的安装	电路的测试
操作质量		
	注：本项全部合格评A，每有一项不合格评降低一个等级	

素质评价

安全操作	能做到安全规范操作评A，违反安全操作规定评D（仅写出可能违反安全生产的实例）

文明生产	守时	守纪	设备保养	工位整洁卫生	节约环保	生产劳动观念
	注：全部合格评A，每有一项不合格就降一等级					

团队合作评价（有如下经历评A，没有不得分）

工作过程中主动帮助他人（右侧签字）	
工作过程中寻求帮助（请帮助人签字）	

创新与发展评价

说明：创新是指质量好、速度快或其他优秀正能量、不同之处，写出两项评A，一项评B，其余评C

续表

质量没其他人好，你是怎么想的	事例	想法/做法		
若你或他人出现操作错误，你是怎样想的和做的	事例	想法/做法		
若你或他人损坏工具、器材，你是怎样想的	事例	想法/做法		
当你做得明显比别人好，或他人有明显错误时，你是怎样想的或做的	事例	想法/做法		
职业能力等级评定参考				
1	能高效、高质量地完成本次工作的全部内容，并能指导他人完成			A+	
2	能高效、高质量地完成本次工作的全部内容，并能解决遇到的问题			A	
3	能高效、高质量地完成本次工作的全部内容			A-	
4	能圆满完成本次工作的全部内容，并不需要任何指导			B	
5	能圆满完成本次工作的全部内容，但偶尔需要帮助与指导			B-	
6	能完成部分工作内容，需要在技术能手全程指导下完成			C	
7	基本不能完成工作，或严重违反操作规程，或故意损坏设备器材			D	
综合评价				等级	教师评价

注：

1. 综合评价说明：分项评价合计 6 个及以上 A 可综合评定 A；分项评价合计 6 个及以上 B 可综合评定 B；分项评价合计 6 个及以上 C 可综合评定 C；若分项评价出现 D，则综合评定为 D。

2. 若个别分项评价没有经历可不填写。

3. 通过项目工作评价报告，望提高团队合作，吃苦耐劳，自主学习新知识、新技能的精神，强化职业养成教育。

4. 创新的内涵很广，可以是操作过程中好的经验、操作顺序的改进、操作方式的改进措施等。

任务 12　CA6140 车床电气控制线路的安装

❖ 任务目标

1) 会识读 CA6140 车床电气控制线路图。
2) 会安装 CA6140 车床电气控制线路
2) 会检测并排除电路的故障。

❖ 任务准备

1) 工具：电工常用工具。
2) 仪表：MF47 型指针式万用表、500V 兆欧表、钳形电流表等。
3) 器材：控制线路板、走线槽、各种规格的软线和紧固件、金属软管、编码套管等。
4) CA6140 型车床所需元器件参见图 12-1。

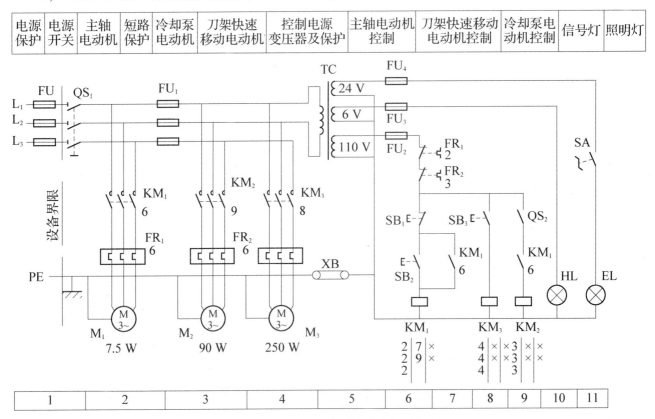

图 12-1　CA6140 车床电气控制线路

❖ 任务实施

进行 CA6140 车床电气控制线路的安装时，在分析其电气控制线路原理的基础上，首先要了解和准备所需安装工具、仪表、元器件种类及其型号参数；其次要了解各个元器件在车床中的位置并绘制元器件安装的接线图；在掌握正确的安装步骤的基础上，了解安装的工艺要求和注意事项；安装完成后按安装的顺序对连接的线路和元器件的正确性进行逐个检查；为确保安装的正确性，自检完成后还要进行互检，只有多次检查后未发现安装错误，才能进行通电运行。

1. 安装步骤

1) 根据原理图设计安装图、接线图、互连图。
2) 根据安装图布置元器件。
3) 连接主电路。
4) 连接控制电路。
5) 控制线路板上电动机互连，控制线路板上按钮互连，控制线路板上照明互连。
6) 检查、试车。
7) 故障排除。

2. 工艺要求

1) 逐个检验电气设备和元器件规格及质量是否合格。
2) 正确选配导线的规格、导线通道类型和数量、接线端子板型号等。
3) 在控制线路板上安装电气元器件，并在各电气器元器件附近做好与电路图上相同代号的标记。
4) 按照控制线路板内布线的工艺要求进行布线和套编码套管。
5) 选择合理的导线走向，做好导线通道的支持准备，并安装控制线路板外部的所有电气元器件。
6) 进行控制箱外部的布线，并在导线线头上套装与电路图相同线号的编码套管。对于可移动的导线通道应留有适当的余量，使金属软管在运动时不承受拉力，并按规定在通道内放置备用导线。
7) 检查电路的接线是否正确，以及接地通道是否具有连续性。
8) 检查热继电器的整数值是否符合要求，以及各级熔断器的熔体是否符合要求，如不符合要求应予以更换。
9) 检查电动机的安装是否牢固，以及其与生产机械传动装置的连接是否可靠。检测电动机及线路的绝缘电阻，清理安装场地。点动控制各电动机启动，观察转向是否符合要求。
10) 进行通电空转实验时，应认真观察各电气元器件、线路、电动机及传动装置的工作情况是否正常。若不正常，应立即切断电源进行检查，在调整或修复后方能再次通电试车。

3. 注意事项

1) 不要漏接接地线，导线管、导线通道一般放置一根或两根备用线。严禁采用金属软管作为接地通道。

2）在控制箱外部进行布线时，导线必须穿在导线通道内或敷设在车床座内的导线通道中。所有的导线不允许有接头。

3）在对导线通道内敷设的导线进行接线时，必须集中精力，做到查出一根导线，立即套上编码套管，接上后进行复验。

4）在进行快速进给时，要注意使运动部件处于行程的中间位置，以防运动部件与车头或尾架相撞产生设备事故。

5）在安装、调试过程中，工具、仪表的使用应符合要求。

❖ 任务评价

根据表 12-1 对本任务实施过程进行评价。

表 12-1　任务评价表

任务内容	配分	评分标准	扣分
装前检查	15	每错一处扣 3 分	
安装元器件	15	每错一处扣 3 分	
布线	30	每错一处扣 5 分	
通电试车	30	每错一处扣 5 分	
安全文明生产	10	服从老师指导，清洁实验场地	
备注		各项目扣分不得超过该项配分	成绩

❖ 学习总结

1. 请写出学习过程中的收获和遇到的问题。

2. 请对自己的作品进行评价并填写表 12-2。

表 12-2　项目工作评价报告

项目	CA6140 车床电气控制线路的安装			
班级		团队姓名	日期	
评价内容			评价等级	教师评价
知识评价				
本次工作所用到的知识（知识点）	写出用到的 4 个及以上重点知识点评 A，每少一个知识点降一个等级；空白为最低等级			

续表

本次工作你学到的新知识（知识点）	写出用到的 4 个及以上重点知识点评 A，每少一个知识点降一个等级；空白为最低等级		
技能评价			
本次工作应用与提高（仅写技能点）	写出本团队技能提高点、产品安装成功评 A，否则不得分		
本次工作你新学到了哪些技能（仅写技能点）	写出本团队在本次工作中新学的 4 个及以上技能点评 A，每少一个技能点降低一等级		
质量评价			

操作质量	线路安装	线路的测试		
	注：本项全部合格评 A，每有一项不合格评降低一个等级			

素质评价						
安全操作	能做到安全规范操作评 A，违反安全操作规定评 D（仅写出可能违反安全生产的实例）					
文明生产	守时	守纪	设备保养	工位整洁卫生	节约环保	生产劳动观念
	注：全部合格评 A，每有一项不合格就降一等级					

团队合作评价（有如下经历评 A，没有不得分）			
工作过程中主动帮助他人（右侧签字）			
工作过程中寻求帮助（请帮助人签字）			

创新与发展评价

说明：创新是指质量好、速度快或其他优秀正能量、不同之处，写出两项评 A，一项评 B，其余评 C

续表

质量没其他人好，你是怎么想的	事例	想法/做法		
若你或他人出现操作错误，你是怎样想的和做的	事例	想法/做法		
若你或他人损坏工具、器材，你是怎样想的	事例	想法/做法		
当你做得明显比别人好，或他人有明显错误时，你是怎样想的或做的	事例	想法/做法		
职业能力等级评定参考				
1	能高效、高质量地完成本次工作的全部内容，并能指导他人完成		A+	
2	能高效、高质量地完成本次工作的全部内容，并能解决遇到的问题		A	
3	能高效、高质量地完成本次工作的全部内容		A-	
4	能圆满完成本次工作的全部内容，并不需要任何指导		B	
5	能圆满完成本次工作的全部内容，但偶尔需要帮助与指导		B-	
6	能完成部分工作内容，需要在技术能手全程指导下完成		C	
7	基本不能完成工作，或严重违反操作规程，或故意损坏设备器材		D	
综合评价			等级	教师评价

注：

1. 综合评价说明：分项评价合计 6 个及以上 A 可综合评定 A；分项评价合计 6 个及以上 B 可综合评定 B；分项评价合计 6 个及以上 C 可综合评定 C；若分项评价出现 D，则综合评定为 D。

2. 若个别分项评价没有经历可不填写。

3. 通过项目工作评价报告，望提高团队合作、吃苦耐劳、自主学习新知识、新技能的精神，强化职业养成教育。

4. 创新的内涵很广，可以是操作过程中好的经验、操作顺序的改进、操作方式的改进措施等。